SUR UNE MACHOIRE DE GIRAFE FOSSILE DÉCOUVERTE A ISSOUDUN

(Département de l'Indre).

NOTES communiquées à **l'Académie des Sciences**,
Séances des 15 mai et 27 novembre 1843 ;

Par M. DUVERNOY.

I. — *Première communication, du 19 mai 1843.*

Chaque jour la science nouvelle des fossiles organiques, cette science fondée à la fois par l'esprit analytique, la critique sévère dans l'appréciation des faits, et les connaissances approfondies de G. Cuvier en ostéologie comparée, révèle au monde savant l'existence de quelque espèce d'être, inconnue parmi celles de l'époque actuelle. On est pour ainsi dire familiarisé avec ces découvertes qui nous montrent comme ayant vécu dans nos latitudes ou même bien plus au nord, des espèces qui n'existent plus que dans les climats brûlants des tropiques.

Parmi ces restes d'animaux fossiles de la zone torride qui ont été retrouvés en fouillant le sol de la France, il n'en est peut-être pas de plus étrange que celui dont je vais entretenir un instant l'Académie.

Il appartient au genre *Girafe* et à une espèce qui différait, par

1844

plusieurs caractères bien tranchés, de l'espèce vivant actuellement dans les contrées tropicales de l'Afrique.

La mâchoire inférieure, assez complète et assez bien conservée, que je mets sous les yeux de l'Académie, m'a permis de faire avec certitude, d'après les données actuelles de la science, cette surprenante détermination.

Cette mâchoire a été découverte et recueillie au mois de décembre dernier, dans la ville d'Issoudun, département de l'Indre, par les soins de M. Sartin, lieutenant commandant la gendarmerie de cette ville, qui l'avait adressée à M. de la Villegille, secrétaire du comité historique pour les monuments écrits de l'histoire de France.

M. de la Villegille, par l'intermédiaire duquel j'ai eu l'occasion de déterminer et de décrire ce précieux reste fossile, a bien voulu me communiquer, dans une note écrite, les détails suivants sur les circonstances de cette découverte.

« La ville d'Issoudun (ainsi que s'exprime dans cette note M. de
» la Villegille) renferme une tour ou donjon qui date du XIIᵉ siècle,
» et dont les fondations recouvrent une chapelle et d'autres con-
» structions antérieures de plusieurs siècles. C'est dans un puits
» placé dans une sorte de cour, derrière le chevet de la chapelle,
« que des fouilles exécutées, au mois de décembre dernier, ont
» amené la découverte de la mâchoire en question.
» Ce puits a une profondeur de 20 à 21 mètres au-dessous du
» sol primitif de la chapelle ; la partie supérieure présente un revê-
» tement en maçonnerie, d'environ 4 mètres de hauteur ; le reste
» est creusé dans le roc. Ce puits s'élargit à sa base, et forme un
» bassin alimenté par une source abondante.
» Cette mâchoire a été trouvée dans l'eau, avec des débris de
» seaux et divers ustensiles de formes particulières.
» Le puits était entièrement comblé ; mais le remblai n'a pu
» avoir lieu qu'à une époque rapprochée, car, à la profondeur de
» 16ᵐ 60, on a rencontré un ornement en argent, dont le dessin
» et la forme des lettres de l'inscription indiquent le XVᵉ siècle ; et,
» à 18 mètres, des jetons en cuivre, aux armes de France et de
» Dauphiné, qui, pour la forme des lettres et de la légende, appar-

» tiennent à la même époque. Ils ne sauraient d'ailleurs remonter
» au-delà de la seconde moitié du xive siècle, puisque le Dauphiné
» fut réuni à la France en 1349. »

Quoiqu'il soit très probable que ce fossile provienne du sol
même où ce puits a été creusé, il faut avouer que les circonstances
de sa découverte ne le démontrent pas indubitablement. Il sera
sans doute nécessaire de faire des recherches ultérieures dans le
sol même où ce puits est situé, afin de bien déterminer la nature
de ce terrain, et de voir s'il ne recélerait pas les autres parties
du squelette auquel cette mâchoire a appartenu.

On pourrait sans cela supposer qu'elle a été prise dans une
autre localité et jetée avec les déblais qui ont servi à combler ce
puits au xive ou xve siècle. Dans cette dernière hypothèse, à
laquelle il serait juste d'objecter l'état de conservation de cet osse-
ment fossile, il faudrait chercher à Issoudun, ou non loin de cette
ville, la couche de terrain tertiaire, d'alluvion ou de diluvium, qui
renfermait ce précieux monument de l'organisation antédiluvienne.

G. Cuvier a déjà donné une sorte de célébrité au département
de l'Indre, sous le rapport des ossements fossiles. Après avoir
décrit ceux d'un genre de Pachydermes voisin des Tapirs, qu'il a
nommé *Lophiodon*, lesquels avaient été déterrés près du village
d'Issel, département de l'Aude, il détermine, dans la même sec-
tion de son grand ouvrage *sur les ossements fossiles*, quatre espèces
de ce genre, découvertes à *Argenton*, petite ville du département
de l'Indre, sur la Creuse. Ces derniers ossements étaient enfouis
dans une marne durcie, encore remplie de Planorbes, de Limnées
et d'autres coquilles d'eau douce. « Une seule de ces quatre espèces,
» ajoute G. Cuvier, peut être considérée comme identique avec
» une de celles trouvées à Issel, et, comme à Issel, ces restes fos-
» siles sont accompagnés de *Crocodiles* et de *Trionix*; c'est-à-
» dire d'animaux dont les genres sont aujourd'hui confinés dans
» les rivières de la zone torride (1). »

Il ne serait pas impossible que le fossile sujet de ce Mémoire

(1) *Recherches sur les ossements fossiles*, t. II, 1re partie, p. 188 et 194.

appartînt au même terrain marneux à la surface duquel coulerait la source du puits de la tour d'Issoudun.

Les fouilles ultérieures, qui pourront être faites incessamment, me mettront à même d'apprendre bientôt à l'Académie, j'ai lieu de l'espérer, la solution de cette question.

Il me reste à justifier ma détermination par une description détaillée et comparative de cette mâchoire inférieure.

Un premier coup d'œil y fait reconnaître facilement les caractères d'un ruminant de grande taille.

Les deux branches en sont séparées. Cinq molaires existent du côté droit (fig. 3), il n'y a que la petite molaire qui manque; tandis que du côté gauche (fig. 2) cette même dent et la suivante n'existent plus.

L'extrémité de la branche droite a été brisée au niveau de l'alvéole de l'incisive interne. Un plus grand bout de cette extrémité a été conservé dans la branche gauche. On y voit des portions d'alvéoles des trois incisives externes (fig. 2 et 6), qui nous fournissent un caractère essentiel sur lequel je reviendrai.

Ici je fais simplement remarquer que les dents incisives manquent des deux côtés.

Le contour de l'angle postérieur de chaque branche a été assez fortement ébréché. Les apophyses coronoïdes sont brisées, mais plus du côté droit que du gauche, et la face articulaire du condyle échancrée, surtout dans la branche gauche.

Au premier coup d'œil, cette mâchoire m'avait paru être celle d'une grande espèce de *Cerf*. J'en jugeai ainsi par sa forme grêle et par la présence d'une petite colonne que j'avais remarquée entre les deux demi-cylindres dont se compose la première molaire permanente. Cependant j'avais saisi dès ce moment le caractère différentiel suivant : cette antépénultième dent avait seule cette petite colonne; la dernière molaire et sa pénultième en manquaient, tandis qu'elles en sont pourvues dans les Cerfs.

D'autres différences caractéristiques se présentèrent bientôt à mes observations entre la mâchoire inférieure de la plus grande espèce de ce genre que j'aie été à même de comparer, celle d'un Élan, et la mâchoire inférieure fossile que j'avais sous les yeux.

Ayant comparé, en premier lieu, ces deux mâchoires dans leur forme générale, nous avons d'abord remarqué que la mâchoire de l'Élan présente un talon descendant à l'angle postérieur de chaque branche, qui ne paraît pas avoir existé dans la mâchoire fossile.

La portion sans dent, entre l'incisive externe et la petite molaire, est plus grêle dans celle-ci et plus aplatie. La surface articulaire, par laquelle chaque branche se joint par son extrémité à celle du côté opposé, est un peu plus longue.

Le trou sous-mentonnier est vis-à-vis de la ligne qui partagerait cette articulation dans sa longueur, et même un peu en avant; tandis que dans l'Élan il est, pour une partie du moins de son diamètre, un peu en arrière de cette articulation. Sa position reculée dans cette espèce, et très avancée dans la mâchoire fossile, est très caractéristique. Enfin la dernière molaire est sensiblement plus éloignée du condyle dans celle-ci que dans la mâchoire de l'Élan.

2° Les différences que présentent les dents ne sont pas moins remarquables.

La dernière molaire, dans l'*Élan*, a son troisième cylindre complet et exactement de même forme que les deux précédents. Il est moins grand à proportion dans la mâchoire fossile, et l'on n'y distingue pas bien la portion interne dont se composent les deux premiers cylindres; elle n'y est tout au plus qu'à l'état rudimentaire.

La deuxième et la troisième molaire de remplacement sont plus épaisses dans notre mâchoire fossile; elles sont plus longues dans l'*Élan*. Cette dernière a, dans le même animal, son second cylindre beaucoup plus grand dans l'Élan que dans la mâchoire fossile, où il est très petit.

La face externe de toutes les parties de ces dents, que nous désignons comme des cylindres, s'approche plus de cette forme, dans cette dernière mâchoire, que dans l'Élan, où elle est plus saillante, et tend à former une arête, du moins dans les trois molaires permanentes. Du côté interne, chaque face correspondant à un demi-cylindre externe, dans l'Élan, présente deux enfoncements séparés par une convexité médiane verticale, et une seconde arête postérieure repliée au-dehors, et ayant l'air de recouvrir, comme une tuile, le bord antérieur du demi-cylindre suivant. Cette apparence est très sensible lorsqu'on envisage la série des dents par leur face triturante.

Dans notre mâchoire fossile, cette forme ne se voit qu'au sommet de la couronne, et la convexité de chaque demi-cylindre ne tarde pas à s'étendre dans toute cette face, sans être limitée par deux enfoncements latéraux.

Enfin l'arête postérieure du cylindre antérieur de chaque molaire est seule bien marquée. Il y a de plus une arête saillante en avant de chaque cylindre antérieur, un peu bas dans la dernière molaire et la pénultième, plus élevée dans l'antépénultième. On en voit aussi deux au-dessus l'une de l'autre dans la troisième molaire de remplacement, dont la supérieure, plus petite, est plus en dedans. Je trouve encore cette arête dans la seconde de ces dents.

Rien de semblable n'existe dans l'Élan.

On trouve encore, dans notre mâchoire fossile, des traces d'une semblable arête à la partie correspondante de la face externe de la seconde et de la troisième molaire de remplacement, de la pénultième et de la dernière molaire; il n'y a que l'antépénultième, si caractéristique par la colonne qu'elle présente entre les deux demi-cylindres externes, qui soit dépourvue de cette arête.

L'Élan, comme toutes les espèces de Cerfs, comme les Antilopes, comme tous les Ruminants, la Girafe seule exceptée, ainsi que l'avait déjà remarqué G. Cuvier (1), a l'incisive externe plus petite que la moyenne. Si l'on en juge par les alvéoles qui subsistent dans la branche gauche de notre mâchoire fossile, l'incisive externe devait être au contraire de beaucoup la plus grande.

Les différences que nous venons d'indiquer distinguent notre mâchoire fossile, non seulement de l'Élan, mais encore des autres espèces plus petites du genre Cerf que nous avons pu examiner.

J'ai trouvé, au contraire, entre la mâchoire inférieure de la Girafe et celle fossile les plus grands rapports génériques. Il n'existe

(1) Ossements fossiles, t. IV, p.

entre ces deux mâchoires que quelques différences spécifiques.

Cette double comparaison des ressemblances et des différences de l'une et de l'autre mâchoire m'a convaincu que j'avais sous les yeux celle d'une espèce détruite du genre *Girafe*.

C'est ce qu'il me reste à démontrer en détail.

Disons d'abord quelques mots de l'âge de notre *Girafe fossile*, à en juger du moins d'après son système de dentition.

Elle avait toutes ses dents mâchelières, c'est-à-dire six de chaque côté. La seconde et la troisième molaire de remplacement sont très peu usées, surtout la première, qui a encore son bord interne pointu.

La dernière molaire est également peu usée.

J'en conclus que l'individu auquel cette mâchoire a appartenu était adulte, mais encore jeune, quand il a péri, et que la Girafe fossile était une espèce moins grande que celle actuellement vivante en Afrique.

Cette dernière conclusion est une conséquence de la comparaison que nous ferons plus bas des dimensions respectives de leurs mâchoires.

Je vais à présent comparer plus particulièrement le système dentaire de l'une et de l'autre espèce. J'examinerai ensuite la forme de ces mâchoires et leurs dimensions.

Un caractère qui m'a frappé au premier coup d'œil, et qui existe seulement dans la Girafe, la petite colonne qui se voit à la face externe de la pénultième molaire, entre les deux demi-cylindres, et seulement dans cette dent à l'exclusion des autres, est très remarquable dans la *Girafe fossile* (fig. 2, n° 4, et fig. 4).

Les demi-cylindres de la face externe de chaque molaire ont une grande conformité dans les deux Girafes, et les différences qui s'observent à cet égard dans les numéros de ces dents et de ces cylindres sont les mêmes, à très peu de chose près, dans l'une et dans l'autre.

Je compare, à la vérité, une mâchoire de Girafe d'Afrique ayant appartenu à un individu dont les dents, un peu plus usées que celles de l'individu fossile, indiquent qu'il était plus âgé.

Les trois demi-cylindres de la dernière molaire ont les mêmes proportions, la même forme, extérieurement et dans leur surface triturante, sauf les différences qui proviennent de l'usure.

Les deux de la pénultième sont un peu en crête vers le haut, dans l'une et l'autre espèce.

De même, le premier cylindre de l'antépénultième a sa surface triturante plus arrondie, et le second plus triangulaire.

L'une et l'autre espèce ont encore le second cylindre petit, proportionnellement au précédent, dans la seconde et dans la première vraie molaire de remplacement.

Une crête qui existe en avant du cylindre antérieur, du côté externe de la dernière molaire et de la pénultième, à une hauteur plus considérable dans cette dernière, ne se voit plus, dans l'espèce vivante, dans cette même pénultième dent; on en aperçoit une trace dans la dernière molaire.

La face interne de la série des molaires, que nous avons dit montrer quelques différences qui la distinguent de l'Élan et du genre Cerf, est de même très conforme dans nos deux espèces de Girafe.

De ce même côté interne, le demi-cylindre moyen de la dernière molaire est séparé du demi-cylindre postérieur par un petit rebord. Ce rebord appartient, en bas, au cylindre moyen de cette dent, et se trouve plus réuni, vers le haut, au petit demi-cylindre postérieur. C'est cette partie que nous avons déjà indiquée comme un rudiment de la portion interne si développée et si distincte des deux autres cylindres de la même dent et de ceux des autres dents.

Il y a encore, vers le haut, un rebord saillant dans le côté postérieur du demi-cylindre antérieur de la même dent.

On en voit un, également dans la même position, dans toutes les dents précédentes, c'est-à-dire la quatrième, la troisième et la deuxième.

L'extrémité postérieure du croissant que forme la coupe du second demi-cylindre externe de la pénultième et de l'antépénultième molaires pénètre entre chacune de ces molaires et la suivante, et apparaît à la face interne comme une crête postérieure qui caractériserait ces dents.

Les crêtes si remarquables qui se voient en avant de chaque molaire, dans cette même face interne, existent dans les deux espèces.

Enfin, pour compléter ces ressemblances, je crois devoir répéter ici que l'alvéole de l'incisive externe, qui subsiste dans la branche gauche de la mâchoire fossile, a une très grande proportion, en rapport avec la dent qui s'y trouvait implantée, et qui distingue si nettement le genre *Girafe* de tous les autres genres de Ruminants.

Cette dent, qui n'a pas été conservée dans notre mâchoire fossile, se distingue, dans la Girafe d'Afrique, non seulement par ses dimensions considérables, mais encore par son tranchant au moins bilobé ou même semi-trilobé, c'est-à-dire divisé en deux grands lobes, dont l'externe peut être encore sous-divisé.

Quant aux différences que présentent les dents mâchelières dans l'une et l'autre espèce, on jugera facilement par leur exposé qu'elles ne sont que spécifiques.

La troisième molaire de remplacement a une forme carrée, très épaisse de dehors en dedans, dans la *Girafe* d'Afrique, qui n'est pas aussi marquée dans la Girafe fossile : aussi l'émail de la couronne du second cylindre de cette dent est-il un peu plus compliqué dans la première de ces espèces.

La seconde molaire de remplacement est aussi plus épaisse dans la Girafe d'Afrique. Le premier demi-cylindre, vu par sa face externe, est séparé en deux par un enfoncement dont on ne voit qu'une légère trace dans la Girafe fossile.

La seconde molaire de remplacement forme, dans la *Girafe* d'Afrique, par sa face interne, deux cylindres très distincts, qui correspondent à chaque racine, et qui ont les mêmes dimensions.

Cette dent, vue du même côté, a une forme très différente dans la *Girafe* fossile, qui se rapproche davantage de la forme de la suivante.

Il y a un grand demi-cylindre antérieur, aplati, et un postérieur beaucoup plus petit.

La couronne de ces deux dents présente à sa face triturante des différences correspondantes, même en tenant compte de celles que l'usure un peu plus avancée de cette couronne, dans l'exemplaire de la Girafe d'Afrique que nous avons pris pour sujet de comparaison. Mais il paraît difficile de faire comprendre ces différences dans une description écrite; il faut qu'elle soit figurée pour les rendre évidentes.

Le demi-cylindre antérieur des deuxième et quatrième molaires montre en arrière, dans la Girafe d'Afrique, une petite racine outre la principale de ce côté; il y en a aussi une, en dedans, du côté gauche seulement, dans la seconde molaire de remplacement.

Enfin, dans la *Girafe* d'Afrique, l'émail présente des sillons flexueux, irréguliers, ou plutôt des cannelures que ces sillons limitent. Ces cannelures, plus saillantes à la face externe des dents qu'à leur face interne, se dirigent de haut en bas et de la partie la plus convexe des demi-cylindres de chaque dent vers les côtés, en se ramifiant ou se divisant et se rejoignant à différentes reprises. Une lame colorée en brun revêt l'émail de ces dents, surtout du côté externe, et subsiste plus longtemps dans les parties enfoncées qui séparent les cannelures. On en voit encore quelques traces dans la Girafe fossile, qui présente les mêmes caractères; on les observe d'ailleurs, mais moins prononcés, chez beaucoup de Ruminants, ainsi que la lame colorée qui vient d'être indiquée.

Nous ajouterons à ces détails les dimensions en longueur des dents correspondantes de l'une et de l'autre espèce.

DIMENSIONS EN LONGUEUR.	GIRAFE D'AFRIQUE.	GIRAFE FOSSILE.
2e molaire	0^m,025	0^m,023
3e —	0 ,028	0 ,025
4e —	0 ,030	0 ,030
5e —	0 ,032	0 ,030
6e —	0 ,042	0 ,039
Plus grande épaisseur de la 3e molaire.	0 ,022	0 ,019

Relativement à la forme des deux mâchoires et aux différences qu'elles présentent sous ce rapport, différences par lesquelles nous terminerons cet exposé, on pourra les saisir d'un coup d'œil en comparant les objets mêmes ou leur figure, et beaucoup mieux que nous ne pourrions les exprimer, dans la description suivante.

En général, la mâchoire fossile a des formes plus grêles, son contour est plus rentrant sous le condyle, plus saillant à l'angle postérieur de chaque branche. Son bord inférieur est presque dessiné en ∽ renversé, c'est-à-dire qu'il est un peu rentrant en avant de l'angle, convexe sous les molaires, rentrant en avant des molaires, et assez droit vis-à-vis de la symphyse.

Ce bord a les mêmes sinuosités moins prononcées dans la Girafe d'Afrique.

Le bord supérieur a une fosse large et profonde (fig. 1, a) en arrière de la dernière molaire, dans la Girafe fossile ; cette fosse est à peine marquée dans la Girafe d'Afrique.

Dans celle-ci, la cavité que forment au-dessus de l'angle antérieur les deux branches réunies de la mâchoire est plus large; en un mot, l'angle antérieur de la mâchoire est à proportion plus épais.

Les mesures ci-après serviront à préciser d'une manière positive quelques autres différences de forme entre ces deux espèces.

Le trou sous-mentonnier est distant du bord alvéolaire de l'incisive externe,

de 0^m,025 dans la Girafe fossile ;
de 0^m,057 dans la Girafe d'Afrique.

La symphyse

a 0^m,120 de longueur dans la Girafe fossile,
et 0^m,161 — dans la Girafe d'Afrique.

La hauteur de la tranche montante, depuis la partie la plus élevée de l'apophyse coronoïde jusqu'au bord inférieur correspondant, est d'environ 0^m,191 dans la Girafe fossile,

et de 0^m,225 dans celle d'Afrique.

La hauteur de la mâchoire, vis-à-vis le cylindre moyen de la dernière molaire, est de 0^m,047 dans la Girafe fossile,

et de 0^m,063 dans la Girafe d'Afrique.

La mâchoire fossile pouvait avoir, depuis le bord postérieur de l'alvéole de l'incisive externe jusqu'à la partie la plus saillante de l'angle postérieur, environ $0^m,465$; je dis, pouvait avoir, parce que, pour cette mesure, j'ai restitué la partie échancrée de cet angle, en partant des contours, qui sont entiers.

Dans la Girafe d'Afrique, la même mesure a $0^m,526$.

La distance entre le bord postérieur de la mâchoire et la dernière molaire est de $0^m,120$ dans la Girafe fossile,

et de $0^m,136$ dans la Girafe d'Afrique.

Celle de la deuxième molaire, au bord alvéolaire de l'incisive externe, est de $0^m,188$ dans la Girafe fossile,

et de $0^m,215$ dans la Girafe d'Afrique.

Ces dernières dimensions complètent les différences que nous avons remarquées entre ces deux espèces de Girafe, et semblent indiquer que celles de la Girafe fossile étaient à peu près d'un sixième moindres que celles de la Girafe d'Afrique.

Nous proposons d'introduire la première dans les catalogues méthodiques sous le nom de GIRAFE D'ISSOUDUN, *Camelopardalis Biturigum.*

II. — *Deuxième communication, du 27 novembre 1843.*

J'ai eu l'honneur de lire à l'Académie, dans sa séance du 29 mai dernier, une première *Note* sur une mâchoire inférieure de grand ruminant, découverte à Issoudun, département de l'Indre, au mois de décembre dernier.

Quoique cette mâchoire soit un peu mutilée, que les incisives manquent, ainsi que la première molaire de chaque côté et la seconde molaire du côté gauche seulement, je crois avoir démontré qu'elle présente d'une manière indubitable les caractères du *Genre* GIRAFE.

Ceux qui la distinguent, comme espèce, de la seule espèce vivante, reconnue du moins généralement par les naturalistes, ne sont pas moins incontestables à mes yeux.

Je les ai déduits des différences sensibles que m'ont présentées la forme et les proportions des os, celles de toutes les dents existantes, et plus particulièrement de la deuxième et de la troisième molaire.

Cependant, si j'en dois juger par quelques observations qui m'ont été faites verbalement, relativement à l'espèce particulière que j'avais ainsi déterminée, mes convictions n'ont pas été universellement partagées.

C'est que, d'un côté, on n'avait peut-être pas été suffisamment frappé des caractères spécifiques que j'annonçais avoir reconnus ; que, de l'autre, le bel état de conservation des os et des dents de la mâchoire d'Issoudun, qui ne sont nullement pétrifiés (c'est-à-dire pénétrés de matières terreuses étrangères à leur composition), avaient pu laisser dans le doute quelques personnes très éclairées à la fois et très réservées dans leur jugement, mais qui n'ont pas l'habitude de cette étude spéciale des ossements fossiles.

Les renseignements que j'avais pu donner à l'Académie sur le gisement de cette mâchoire au fond d'un puits, sous les déblais qui avaient servi à combler ce puits, à ce qu'on présume dans le XIVᵉ siècle ou le XVᵉ siècle, disposaient quelques esprits à regarder cette mâchoire comme ayant appartenu à un individu de l'espèce encore vivante en Afrique, dont les débris osseux auraient été enfouis dans ce puits à l'époque des croisades.

C'est pour jeter quelques lumières sur les points restés douteux dans l'esprit de plusieurs savants, lors de ma première communication, que j'ai sollicité la permission d'entretenir pour la seconde fois l'Académie de ce sujet qui m'a paru l'intéresser.

Je ne lui prendrai que peu de temps pour examiner rapidement les deux questions *zoologique* et *géologique* qu'il comporte, et que je serais heureux de pouvoir diriger vers une solution définitive, au moyen des données nouvelles que je possède en ce moment.

Examinons de nouveau, en premier lieu, la question *zoologique*, savoir : *Si la mâchoire d'Issoudun a réellement appartenu à une espèce inconnue dans la science et non encore déterminée ?*

Cette première question se compose de deux autres, qui lui sont pour ainsi dire subordonnées :

1° *Les individus des collections de Paris et d'autres Musées euro-
péens ont-ils des caractères spécifiques identiques? Et montrent-ils
les mêmes caractères différentiels si on les compare à la Girafe d'Issoudun?*

2° *N'y a-t-il réellement qu'une espèce de Girafe vivant au sud,
à l'orient, à l'occident, et même au centre de l'Afrique?*

Je n'ai d'abord établi les caractères différentiels entre la
Girafe d'Issoudun et l'espèce d'Afrique, que par sa comparaison
avec une mâchoire provenant d'un individu de l'Afrique méridio-
nale, dont l'âge se rapprochait beaucoup de celui de l'individu
auquel la mâchoire fossile a appartenu. Ses molaires sont cependant un peu plus usées.

Cette usure plus ou moins grande des dents molaires chez les
animaux herbivores en général, et chez les ruminants en parti-
culier, qui raccourcit enfin la couronne de ces dents, lorsqu'elles
ne croissent plus par la racine en proportion de cette usure, et qui
peut modifier l'aspect de la partie triturante, fait qu'on ne doit
comparer sous ce rapport, pour être très exact, que des dents provenant d'individus à peu près du même âge; lorsqu'il s'agit de
déterminer ces ressemblances ou ces différences de détails, qui
permettent d'affirmer qu'on a sous les yeux des exemplaires appartenant à une même espèce ou à des espèces différentes.

J'avais trouvé des différences très remarquables, soit dans les
dents, soit dans les os, entre ces deux mâchoires, différences dont
l'ensemble m'a paru suffisant pour caractériser deux espèces du
même genre. Elles sont imprimées, p. 1148 et 1150 du t. XVI
des *Comptes-rendus*, et p. 7-12 de ce volume.

La plupart frappent au premier coup d'œil, tant celles des os
mandibulaires que celles des dents, toutes plus étroites à proportion dans la Girafe fossile.

J'ai cru pouvoir déduire, de cette première et unique comparaison détaillée, les conclusions que l'on connaît, *dans la présomption
qu'il n'existe qu'une espèce de Girafe vivante*, quel que soit son
lieu d'habitation, au midi, à l'orient et à l'occident, ou même au
centre de l'Afrique.

une convexité plus forte et plus régulière du bord inférieur de la partie occupée par les molaires.

Il en est de même des mâchoires des *Girafes du Cap et du Sénégal.*

2° *Ce qui est dû à la moindre hauteur de la mâchoire fossile vis-à-vis la dernière molaire comparée à la hauteur de cette mâchoire vis-à-vis les deuxième et troisième molaires.*

Nous avons vu que la hauteur de chaque branche mandibulaire vis-à-vis la dernière molaire était aussi plus grande dans les mâchoires du Cap et du Sénégal, et plus petite vis-à-vis les premières de ces dents.

3° *L'enfoncement de la partie antérieure de la branche montante, qui commence en arrière de la sixième molaire, est moins sensible dans la mâchoire de Nubie.*

La même différence se voit dans celles du Cap et du Sénégal.

4° *La dilatation du bout de la mâchoire pour l'insertion des dents incisives commence, dans le fossile, immédiatement en avant de l'orifice du canal dentaire, tandis que dans la Girafe de Nubie ce n'est qu'à un pouce en avant de cet orifice qu'elle se fait sentir.*

J'ai trouvé la même différence dans les Girafes du Cap.

5° *La distance entre la première molaire et la symphyse est plus grande dans le fossile.*

6° *La face externe de cette partie de la mâchoire, c'est-à-dire entre la molaire et la symphyse, est plus convexe dans le fossile.*

Elle est plate et un peu déprimée dans la Girafe du Cap.

7° *La hauteur de la branche montante depuis l'angle jusqu'à l'apophyse condyloïde, comparée avec la longueur de la série des molaires, est moindre dans le fossile.*

8° *Proportionnément à l'étendue de la série des molaires, le fossile a la mâchoire plus courte et une plus courte symphyse.*

9° *La dernière molaire est relativement plus petite dans le fossile, et son lobe postérieur est plus petit et plus simple.*

10° *Les pénultième et antépénultième molaires sont d'une grandeur plus égale dans la Girafe fossile que dans la Girafe de Nubie.*

Toutes ces différences, dont celles des trois derniers paragraphes sont de même très sensibles dans nos Girafes du Cap, con-

firment mes premières conclusions, que la mâchoire d'Issoudun appartient à une espèce distincte des Girafes originaires de l'est, comme du sud et de l'occident de l'Afrique.

Voici encore plusieurs mesures prises par M. Owen sur

	LA GIRAFE DE NUBIE.	LA G. D'ISSOUDUN	L'ÉLAN.
Longueur de la branche, montant au niveau de l'ouverture des alvéoles	0m,530	0m,460	0m,430
Id. de la symphyse	0m,150	0m,120	0m,095
Id. du bord alvéolaire des molaires.	0m,173	0m,165	0m,165

« Je n'étendrai pas ma comparaison à des points plus minutieux, » m'écrit M. Owen en terminant sa lettre, « et je conclus en expri-
» mant ma conviction que, dans ses caractères les plus essentiels,
» le fossile d'Issoudun approche davantage du genre Girafe, mais
» diffère d'une manière frappante des espèces existantes du sud
» et de l'est de l'Afrique, et que ses déviations tendent vers le
» sous-genre Élan. »

Ainsi M. Owen irait encore plus loin que moi dans l'appréciation des différences qu'il a trouvées entre la *Girafe de Nubie* et
le *fossile d'Issoudun*, et semblerait vouloir les élever à des caractères génériques.

Les expressions de sa lettre me paraissent aussi manifester l'o-
pinion que les Girafes vivantes forment plusieurs espèces.

Je n'ai pas de données suffisantes pour approfondir cette question ; mais ce que je vais en dire servira peut-être à mettre sur la
voie pour la résoudre.

D'après les renseignements fournis par M. R. Owen, je trouve
les plus grands rapports dans la forme et les proportions des os
mandibulaires et des dents, entre les *Girafes de l'est et du midi de
l'Afrique*.

Il n'en est pas de même de la *Girafe du Sénégal* ; celle-ci a l'angle postérieur un peu descendant, ce qui n'est pas dans les exemplaires du Cap. Le bord alvéolaire des molaires est un peu plus long dans l'exemplaire du Sénégal, quoique la longueur totale de la mâchoire soit moindre.

Cette moindre longueur est telle que le tranchant des incisives moyennes n'atteint que l'extrémité postérieure du bord alvéolaire des incisives d'une des mâchoires du Cap, lorsqu'on les met en parallèle, de manière que leur bord postérieur soit au même niveau.

Dans les détails de la forme et des proportions de chaque molaire, autant que j'ai pu en juger, malgré l'usure bien plus avancée des dents appartenant à la *Girafe du Sénégal*, j'ai reconnu également quelques différences entre celles-ci et celles de la *Girafe du Cap* : elles consistent partout dans leur plus grande longueur relativement à la largeur.

Ainsi la comparaison de la seule mâchoire inférieure à laquelle je devais me borner pour la question à la fois zoologique et paléontologique que je cherchais à résoudre, m'a montré des différences sensibles entre la *Girafe du Sénégal* et celle *du Cap*, différences qui me paraissent assez importantes pour faire supposer, du moins, qu'il pourrait bien y avoir plusieurs espèces de Girafes vivantes ; ainsi que le présumait déjà en 1827 M. Geoffroy Saint-Hilaire (1), qui avait remarqué des différences entre les Girafes du Cap, rapportées par Le Vaillant et par Lalande, pour les couleurs et la taille, et la Girafe de Nubie.

A la vérité, des nuances dans la couleur du pelage ou des différences dans la longueur des poils, telles que celles trouvées par M. *J. Sundwall* entre sept individus du midi de l'Afrique et autant du Sennaar et du Kordofan, qu'il a pu comparer, pourraient s'expliquer, ainsi que le pense ce savant, par les différences du climat.

En effet, les individus au sud de l'Afrique qui ont été pris du 25

(1) *Annales des Sciences naturelles*, t. II, p. 222, et l'article Girafe de M. F. Cuvier fils, qui a paru dans l'*Histoire naturelle des Mammifères*, 64ª livraison, t. VII, in-fol.

au 28° de latitude sud, ont le poil plus long ; les taches fauves sont moins prononcées, sur un fond d'un blanc sale ; tandis que ceux du Sennaar et du Kordofan, pris entre les tropiques, ont des taches plus fauves, sur un fond blanc plus net ; leurs poils sont d'ailleurs extrêmement courts (1).

Des études multipliées sur beaucoup de têtes, appartenant à des Girafes des diverses contrées de l'Afrique, seraient nécessaires pour décider cette question, sur laquelle il est à désirer que M. de Blainville puisse répandre la lumière, lorsqu'il viendra à la traiter dans son *Ostéographie*.

Je passe à la question *géologique* de mon sujet.

Disons d'abord deux mots de la belle conservation des os et des dents de la mâchoire d'Issoudun.

Cette conservation n'a pas dû surprendre les naturalistes qui ont fait une étude particulière des ossements fossiles.

Sans parler des mâchoires fossiles de Musaraignes découvertes l'an passé par M. Dunoyer dans les environs de Paris, dont les dents ont encore à leur pointe la belle coloration en rouge qui distingue plusieurs des espèces vivantes, je ne citerai qu'un exemple de fossile tout aussi bien conservé, que je prendrai dans mes propres observations.

On m'a remis en 1812 une mâchoire inférieure d'*Éléphant* fossile, parfaitement conservée, avec les dents, qui avait été découverte dans une argile diluvienne, en creusant le canal du Rhône au Rhin, non loin du bief de partage des eaux de ce canal, près de Montreux, arrondissement d'Altkirch, département du Haut-Rhin. J'ai déposé cette mâchoire, en 1827, dans le Musée de Strasbourg, en prenant mes fonctions de directeur de ce Musée.

Elle est, je le répète, d'une admirable conservation pour la substance osseuse et pour les dents, et ne le cède en rien, sous ce rapport, à la mâchoire d'Issoudun.

Quant à la nature du terrain dans lequel la mâchoire de *Girafe d'Issoudun* a dû être enfouie, ma première Note lais-

(1) *Mémoire sur plusieurs Mammifères*, extrait des *Actes de l'Académie royale des sciences de Stockholm* pour 1842, p. 243.

sait une lacune importante à remplir que je n'ai pas dissimulée. Afin de la faire disparaître autant qu'il serait en mon pouvoir, je me suis hâté d'aller aux renseignements, immédiatement après ma communication. Ma Note était du 29 mai : voici ce que m'écrivait, le 20 juin dernier, M. *Sartin*, lieutenant commandant la gendarmerie à Issoudun, auquel la science aura l'obligation d'avoir recueilli en premier lieu, avec le plus grand soin, ce précieux débris de la création antédiluvienne :

« J'ai trouvé cette mâchoire fossile dans le grand bassin du puits
» en question, enfouie dans des terres mélangées avec le sol, qui
» est du tuf. Les deux dents qui manquaient ont été recueillies
» dans le fond de l'eau, à 0ᵐ,30 de profondeur et dans un banc
» de tuf. C'est là où j'espère découvrir les autres parties du sque-
» lette auquel cette mâchoire a appartenu.

» S'ils n'y étaient pas, ils doivent être à la naissance du roc,
» dans le tuf, à l'endroit où le mur du puits était démoli, sur une
» hauteur de près de 3 mètres et dans une circonférence de 5 mè-
» tres ; ouverture par laquelle une quantité de marne tertiaire et
» de tuf est tombée au fond de l'eau. »

Peu de temps avant d'avoir obtenu de M. Sartin ces derniers renseignements, je m'étais encore adressé, par le conseil de notre honorable collègue M. Dufrénoy, à M. Mangeot, ingénieur en chef des ponts et chaussées du département de l'Indre, qui a bien voulu me répondre dès le 7 de juillet dernier, et me donner dans sa lettre des détails qui m'ont paru assez importants pour les communiquer à l'Académie.

« M. Sartin m'a montré le puits au fond duquel il a trouvé la
» mâchoire de *Girafe fossile*, et m'a fait part de toutes ses con-
» jectures à cet égard ; mais nous n'avons pu descendre dans ce
» puits, faute d'un treuil. D'ailleurs il faudrait préalablement épui-
» ser beaucoup d'eau pour reconnaître la terre jaune et le tuf, dans
» lesquels il y aurait des recherches à continuer.

» La mâchoire de Girafe reposait dans une argile jaune et pres-
» que à la surface, puisque c'est en travaillant dans l'eau que les
» manœuvres de M. Sartin l'ont saisie avec les mains.

» Cette argile formait le fond du puits ; et en effet, puisqu'elle

» retenait l'eau, ceux qui ont fait le puits ont dû s'arrêter à cette
» couche..
» M. Sartin avait observé avec étonnement l'élargissement du
» puits à la base, et n'a pas hésité d'admettre la préexistence d'une
» caverne qu'on aurait régularisée. J'aurais voulu voir cette terre
» jaune, et vous en adresser des fragments, avec quelque peu du
» tuf dont parle M. Sartin ; mais tout cela est enfoui sous une mon-
» tagne de décombres, et il n'y a que de nouvelles fouilles qui
» puissent permettre d'en trouver ; en même temps qu'on cherche-
» rait à suivre la fissure ou la crevasse ; dont je suis porté forte-
» ment à admettre l'existence d'après les souvenirs de M. Sartin. »

Tels sont les détails destinés à servir de supplément, sous le
rapport *géologique*, à ma première communication.

L'Académie connaît dès à présent les difficultés qui existent
pour en avoir de complétement satisfaisants, et les moyens de lever
ces difficultés, que je la supplie de prendre en considération.

J'ajouterai, en terminant, qu'à mon passage à Neufchâtel, en
Suisse, au mois de septembre dernier, M. *Agassiz* m'a fait voir
le modèle en plâtre d'une dent incisive de grand Mammifère, dont
l'original se trouve dans la collection de M. Nicolet, pharmacien
à la *Chaux-de-Fond*, dent que notre collègue a déterminée comme
étant l'incisive externe d'une *Girafe fossile*.

On y trouve, en effet, les caractères si particuliers de forme et
de volume que présente l'incisive externe de la *Girafe*. M. Nicolet
l'a découverte dans un terrain de mollasse.

Enfin M. Owen m'annonce dans le *P. S.* de son intéressante
lettre, que le capitaine GAUTLEY et le docteur VALÆMER ont décou-
vert, dans le district inférieur de l'Himalaya indien, deux espèces
de *Girafes fossiles*, enfouies dans le *miocene* ou terrain tertiaire
moyen, avec des restes d'*Hippopotames*, de *Mastodontes*, de *Siva-
therium*, etc.

Notre savant collègue ajoute qu'il a pu comparer ces fossiles et
vérifier l'exactitude des déterminations de ces paléontologistes
distingués de l'armée anglaise dans l'Inde.

Ainsi, dans ces temps primitifs de notre planète, la Girafe n'é-
tait pas restreinte comme à présent à une seule des trois parties de

l'ancien continent; elle pouvait encore mesurer dans sa course rapide les plaines et les vallées de l'Europe et de l'Asie.

EXPLICATION DES FIGURES (Planche 2).

Fig. 1. Mâchoire inférieure de la Girafe du Berri, *Camelopardalis Biturigum*, Nob., vue par le haut.

Fig. 2. Branche gauche, vue par la face externe. Elle n'a que les quatre dernières molaires.

Fig. 3. Branche droite, vue par la face interne. Les cinq dernières molaires sont en place; la seconde moitié de la cinquième et de la quatrième a été échancrée.

(Ces trois premières figures sont dessinées aux 2/5 de la grandeur naturelle.)

Fig. 4. Dernière ou sixième molaire, vue par sa face triturante; elle est encore très peu usée.

Fig. 5. Quatrième molaire, vue par sa face externe, pour montrer la petite colonne placée entre les deux demi-cylindres.

Fig. 6. Extrémité de la branche mandibulaire gauche, montrant les alvéoles des quatre incisives et la grande proportion de l'externe, numéro 4 de cette figure.

Paris. — Imprimerie de BOURGOGNE et MARTINET, rue Jacob, 3o.

www.ingramcontent.com/pod-product-compliance
Lightning Source LLC
Chambersburg PA
CBHW060459200326
41520CB00017B/4842